BEI GRIN MACHT SICH IHR WISSEN BEZAHLT

Frauke Schaper

Quadratische Formen und das quadratische Reziprozitätsgesetz

GRIN Verlag

Bibliografische Information der Deutschen Nationalbibliothek:

Die Deutsche Bibliothek verzeichnet diese Publikation in der Deutschen National-
bibliografie; detaillierte bibliografische Daten sind im Internet über http://dnb.d-
nb.de/ abrufbar.

Impressum:

Copyright © 2010 GRIN Verlag GmbH
Druck und Bindung: Books on Demand GmbH, Norderstedt Germany
ISBN: 978-3-640-76054-1

GRIN - Your knowledge has value

Der GRIN Verlag publiziert seit 1998 wissenschaftliche Arbeiten von Studenten, Hochschullehrern und anderen Akademikern als eBook und gedrucktes Buch. Die Verlagswebsite www.grin.com ist die ideale Plattform zur Veröffentlichung von Hausarbeiten, Abschlussarbeiten, wissenschaftlichen Aufsätzen, Dissertationen und Fachbüchern.

Besuchen Sie uns im Internet:

http://www.grin.com/

http://www.facebook.com/grincom

http://www.twitter.com/grin_com

Inhaltsverzeichnis

1. Einleitung

Die vorliegende Arbeit basiert auf der Ausarbeitung der im Seminar „Quadratische Formen" vorgestellten Vorträge zu den Themen bzw. Ausschnitten der Theorie der binären quadratischen Formen und des quadratischen Reziprozitätsgesetzes. In dieser Arbeit sollen diese zwei Vorträge ausführlicher dargelegt und verdeutlicht werden. Ausgegangen wird dabei, soweit nicht anders vermerkt, vom dem Seminar zugrundeliegenden Buches von Scharlau & Opolka (1980).

Die Vorträge basieren wiederum auf den vorangehenden Vorträgen, dessen Inhalte für diese Arbeit grundlegend sind. Diese werden, falls nicht anders verzeichnet, als korrekt, geltend und bewiesen vorausgesetzt.

Der erste Teil dieser Arbeit beschäftigt sich mit der Fragestellung, welche Lösungen die Gleichung $ax^2+2bxy+cy^2 = m$ hat (für a, b, c, m $\in$ $\mathbb{Z}$) bzw. für welche m $\in$ $\mathbb{Z}$ diese Gleichung mit gegebenem a, b, c $\in$ $\mathbb{Z}$ ganzzahlig lösbar ist. Diese Fragestellungen führen zur der Theorie der binären quadratischen Formen. Darin werden wichtige, elementare und für diese Theorie notwendigen Grundlagen, Sätze, Definitionen etc. verdeutlicht bzw. bewiesen werden. Um diese Theorie zeitlich einordnen und mit dem Mathematiker Joseph Louis Lagrange in Verbindung setzen zu können, werden zu Beginn ein paar einleitende Worte zur Person genannt. Im Anschluss daran erfolgt dann die genauere Thematisierung des ersten zugrundeliegenden Themas dieser Arbeit.

An dieser Stelle soll bereits die Definition einer quadratischen Form erfolgen. Im Anschluss daran erfolgt zur Verdeutlichung eine Darstellung eines diesbezüglichen Beispiels.

Definition[1]:

Es sei $x = (x_1, \dots, x_n)^T \in \mathbb{R}^n$ und $A \in \mathbb{R}^{n \times n}$ eine symmetrische Matrix. Dann heißt

$$x^T A\, x = \sum_{i,j=1}^{n} a_{ij} x_i\, x_j$$

quadratische Form.

Ferner seien $b \in \mathbb{R}^n$ und $c\ \mathbb{R}^n$. Dann heißt

$$q(x) = x^T A\, x + b^T x + c$$

quadratisches Polynom in $x_1, \dots, x_n$.

Beispiel[2]:

Der Ausdruck

$$7x_1^2 + 6x_2^2 + 5x_3^2 - 4x_1 x_2 + 2x_2 x_3$$

$$= \quad 7x_1^2 + 6x_2^2 + 5x_3^2 - 2x_1 x_2 - 2x_2 x_1 + x_2 x_3 + x_3 x_2$$

$$= \quad (x_1 \quad x_2 \quad x_3) \begin{pmatrix} 7 & -2 & 0 \\ -2 & 6 & 1 \\ 0 & 1 & 5 \end{pmatrix} \begin{pmatrix} x_1 \\ x_2 \\ x_3 \end{pmatrix}$$

ist eine quadratische Form.

Der zweite Teil beinhaltet das quadratische Reziprozitätsgesetz, dabei hauptsächlich den Beweis dessen. Um diesen Beweis ausführen zu können, werden zunächst weitere Sätze, Hilfs- oder Ergänzungssätze und Lemmata benötigt, die zu Beginn dieses Kapitels genannt, verdeutlicht und zum Teil bewiesen werden. Ebenfalls werden erneut einleitende Sätze zur Person Carl Friedrich Gauß' genannt, da der Beweis, der Gegenstand der vorliegenden Arbeit ist, und das quadratische Reziprozitätsgesetz, welches u.a. auf Gauß zurück geht. Daran anschließend erfolgt schließlich der Beweis des quadratischen Reziprozitätsgesetzes.

---

[1] Vgl. www.mia.uni-saarland.de/Teaching/MFI07/kap48.pdf
[2] Vgl. ebd.

2. Joseph Louis Lagrange:

Der Mathematiker und Astronom Joseph Louis Lagrange lebte von 1736 bis 1813. Bereits in seiner Schulzeit interessierte er sich vermehrt für die Mathematik und dabei speziell für die Geometrie. Als er 19 Jahre alt war, bekam er ein Angebot, welches er nicht ausschlagen konnte: einen Lehrstuhl für Mathematik an der königlichen Artillerieschule in Turin. Dort publizierte er seine ersten wissenschaftlichen Arbeiten im Bereich der Differentialgleichungen.

Er arbeitete vorwiegend auf dem Gebiet der Zahlen- und Reihentheorie, der Algebra und der Astronomie. Zu seinen wichtigsten Werken zählen unter anderem die Begründung der analytischen Mechanik mit der Lagrangefunktion, das Dreikörperproblem der Himmelsmechanik und die Theorie der komplexen Funktionen. Ebenfalls leistete er Beiträge zur Theorie der quadratischen Formen „Recherches d'arithmétique", aus dem Jahre 1770. Darin wir diese Theorie begründet und aus der allgemeinen Theorie sowie aus den Fermatschen Sätzen über die Darstellung von Primzahlen durch x^2+2y^2 und x^2+3y^2 abgeleitet und somit bewiesen. Dies ist Gegenstand des folgenden Kapitels.

3. Theorie der quadratischen Formen

In diesem Kapitel geht es inhaltlich um die Entwicklung der Grundlagen der Theorie der binären quadratischen Formen. Diese Untersuchungen nach ??? beinhalten genau die Zahlen, die sich in der Form $q(x, y) = ax^2+2bxy+cy^2$ darstellen lassen. Dabei sind a, b und c ganze Zahlen und x, y Variablen für ganze Zahlen. Binär ist die Form aufgrund der Anzahl der auftretenden Unbestimmten (x und y). Da der Grad des Polynoms 2 beträgt, handelt es sich somit um eine binäre quadratische Form.

Lagrange untersucht dazu vorerst die in Frage kommenden Teiler von der Zahl, die durch die quadratische Form $q(x, y) = ax^2+2bxy+cy^2$ dargestellt wird.

3

Um sich den quadratischen Formen auch von der geschichtlichen Seite zu nähern, wird im Rahmen dieser Arbeit wie Lagrange vorgegangen. Das bedeutet, dass zunächst der folgende Satz über die quadratischen Formen der Art

$$q(x,y) = ax^2 + bxy + cy^2$$

bewiesen wird. Anschließend erfolgt die Verallgemeinerung (mit dem Faktor 2), so dass dann die Formen $\quad q(x, y) = ax^2+2bxy+cy^2 \quad$ betrachtet werden.

Beweis:

Seien $m = ax^2 + 2bxy + cy^2$ mit $x, y \in \mathbb{Z}$ und x, y teilerfremd, also ggT(x,y)=1.

Des Weiteren seien m = rs, der ggT(s, y)=t und s=tu, y=tX und somit ggT(u,X)=1.

$\Longrightarrow$ rtu $-$ $ax^2+2btxX+ct^2X^2$

$\Longrightarrow t|ax^2, \quad$ da daraus folgt, dass ax^2=rtu-btxX+ct^2X^2, und somit teilt t ax^2.

Nach Voraussetzung gilt ggT(x, y) = 1. So ist folglich auch ggT(x, t)=1, also x und t teilerfremd, da t=ggT(s, y).

Aus $t|a \Longrightarrow a = et$ und der Division durch t folgt

$\Longrightarrow ru = ex^2+bxX+ctX^2. \qquad$ (1.)

4

Wegen ggT(u, X)=1, also u und X teilerfremd, und dem erweiterten euklidischen Algorithmus[4] kann die Gleichung x = uY+wX gelöst werden

(hier: $\alpha u + \beta X = 1 \Rightarrow x\alpha u + x\beta X = x$, mit $\alpha x = Y$ und $\beta x = w$).

Nun wird x = uY+wX in die Gleichung (1.) eingesetzt:

$$\Rightarrow ru = e(uY+wX)^2 + b(uY+wX)X + ctX^2$$

$$= (ew^2+bw+ct)X^2 + (2euw+bu)XY + eu^2Y^2$$

Man sieht schnell: $u|$ $(ew^2+bw+ct)X^2$ (da $(ew^2+bw+ct)X^2$ = ru - $(2euw+bu)XY$ - eu^2Y^2).

Da ggT(u, X)=1, d.h. u und X teilerfremd, ist folglich $ew^2+bw+ct$ durch u teilbar.

Mit $A := \dfrac{ew^2+bw+ct}{u}$, $B := 2ew+b$, $C := eu$

Folgt wie gewünscht $r = AX^2 + BXY + CY^2$.

Um den Beweis zu vervollständigen, fehlt nun nur noch zu zeigen, dass

$$4AC\text{-}B^2 = 4ac\text{-}b^2 \text{ gilt,}$$

also, dass die Determinante gleich bleibt.

Durch Nachrechnen erhält man schnell:

$$4AC\text{-}B^2 = \frac{ew^2+bw+ct}{u} * eu - (2ew+b)^2$$

$$= 4(e^2w^2+bew+cet) - (4e^2w^2 + 4ewb + b^2)$$

$$= 4cet - b^2 = 4ac\text{-}b^2.$$

q.e.d.

---

[4] Dieser besagt: Für zwei Zahlen a,b∈ ℕ gilt g = ggT(a,b). Dann existieren $\alpha, \beta \in \mathbb{Z}$, so dass g = $\alpha a + \beta b$. Das heißt, dass g eine (ganzzahlige) Linearkombination über ℤ von a und b ist.

Definition 3: Eine Zahl m wird durch eine binäre quadratische Form q *eigentlich dargestellt*, wenn die Gleichung m = q(x, y) in teilerfremden ganzen Zahlen lösbar ist. m heißt *Teiler* von q, wenn m Teiler einer Zahl ist, die durch q eigentlich dargestellt wird.

Mit Hilfe dieser Definition und des vorigen Satzes kann leicht der folgende Satz formuliert werden, da er direkt daraus folgt und aufgrund dessen nicht bewiesen werden braucht:

Satz 4: Ist m Teiler einer quadratischen Form, dann wird m von einer quadratischen Form derselben Determinante eigentlich dargestellt.

Im weiteren Verlauf dieser Arbeit wird die speziellere quadratische Form $q(x,y)=ax^2+2bxy+cx^2$ betrachtet. Mit Hilfe von Matrizen lässt sich diese wie folgt schreiben:

$$ax^2+2bxy+cx^2 = (x,y) \begin{pmatrix} a & b \\ b & c \end{pmatrix} \begin{pmatrix} x \\ y \end{pmatrix}$$

und es gilt: $\quad \Delta := \det(q) := \det \begin{pmatrix} a & b \\ b & c \end{pmatrix} = ac - b^2$, mit $\Delta \neq 0$.

Definition und Lemma 5: Eine Form $q(x, y)= ax^2+2bxy+cx^2$ heißt *positiv* bzw. *negativ*, falls für alle $x,y \in \mathbb{Z}$ gilt: $q(x,y) \geq 0$ bzw. ≤ 0. Ist die Form entweder positiv oder negativ, so wird sie mit *definit* bezeichnet, sonst *indefinit*.

Eine Form q ist genau dann $\quad$ positiv, wenn $\Delta > 0$ und $a > 0$;

$\qquad\qquad\qquad\qquad\qquad\qquad$ negativ, wenn $\Delta > 0$ und $a < 0$;

$\qquad\qquad\qquad\qquad\qquad\qquad$ indefinit, wenn $\Delta < 0$.

(Dieses Lemma besagt folglich, dass positiv definite Formen nur positive, negativ definite Formen nur negative Zahlen repräsentieren. Indefinite Formen könne sowohl positive als auch negative Zahlen repräsentieren.)

Beweis: Für den Beweis schreiben wir die Form

$$q(x,y) \;=\; ax^2 + 2bxy + cy^2 \;=\; a(x + \tfrac{b}{a}y)^2 + cy^2 - \tfrac{b^2}{a}y^2 \;=\; a(x + \tfrac{b}{a}y)^2 + (c - \tfrac{b^2}{a})y^2.$$

(i) $\Delta > 0$ und $a > 0 \implies q(x,y)$ positiv:

Für $\Delta > 0$, $a > 0$ gilt: $\underbrace{a(x + \tfrac{b}{a}y)^2}_{>\,0} + \underbrace{(c - \tfrac{b^2}{a})y^2}_{>\,0}$

mit $\quad \Delta > 0 \implies \quad ac - b^2 > 0 \quad \implies \quad ac > b^2 \quad \implies \quad c > \tfrac{b^2}{a}.$

Folglich ist $q(x, y) = ax^2 + 2bxy + cy^2$ für $\Delta > 0$ und $a > 0$ größer 0, also positiv.

(ii) $\Delta > 0$ und $a < 0 \implies q(x,y)$ negativ:

Für $\Delta > 0$, $a < 0$ gilt: $\underbrace{a(x + \tfrac{b}{a}y)^2}_{<\,0} + \underbrace{(c - \tfrac{b^2}{a})y^2}_{<\,0}$

mit $\quad \Delta > 0 \implies ac - b^2 > 0 \implies ac > b^2 \quad \implies \quad c < \tfrac{b^2}{a},$ und $c < 0$ weil $a < 0$.

Folglich ist $q(x, y) = ax^2 + 2bxy + cy^2 < 0$, für $\Delta > 0$ und $a < 0$, also negativ.

(iii) $\Delta < 0 \implies q(x,y)$ indefinit:

Für $\Delta < 0$ gilt: $\underbrace{a(x + \tfrac{b}{a}y)^2}_{>\,0} + \underbrace{(c - \tfrac{b^2}{a})y^2}_{<\,0}$

mit $\quad \Delta < 0 \implies \quad ac - b^2 < 0 \quad \implies \quad ac < b^2 \quad \implies \quad c < \tfrac{b^2}{a},$ mit $a > 0$.

Für $\Delta < 0$ gilt: $\quad \underbrace{a(x + \frac{b}{a}y)^2}_{< 0} + \underbrace{(c - \frac{b^2}{a})y^2}_{> 0}$

mit $\quad \Delta < 0 \implies \quad ac\text{-}b^2 < 0 \quad \implies \quad ac < b^2 \quad \implies \quad c > \frac{b^2}{a}, \text{mit } a < 0.$

Folglich kann $q(x, y) = ax^2 + 2bxy + cy^2$ für $\Delta < 0$ sowohl größer als auch kleiner 0 sein, also indefinit.

Bisher wurde lediglich eine Richtung des Lemmas bewiesen, d.h. es wurde $\Delta > 0$ und $a > 0$ bzw. < 0 vorausgesetzt und die Definitheit gefolgert. Nun soll die Rückrichtung bewiesen werden, d.h. es wird die Definitheit vorausgesetzt (also $q(x, y)$ positiv, negativ oder indefinit) und die Bestimmungen für Δ und a gefolgert.

(i) $q(x,y)$ positiv $\implies \Delta > 0$ und $a > 0$

Es muss gelten: $a(x + \frac{b}{a}y)^2 + (c - \frac{b^2}{a})y^2 > 0.$

Dies gilt auf jeden Fall, wenn die einzelnen Summanden positiv sind. Dazu muss gelten, dass $\quad a(x + \frac{b}{a}y)^2 > 0$

$\implies$ entweder $a > 0$ oder $(x + \frac{b}{a}y)^2 > 0.$

Da im letzten Ausdruck ein Quadrat steht, ist dies auf jeden Fall positiv, so dass daraus gefolgert werden kann, dass $a > 0$ gelten muss, damit $a(x + \frac{b}{a}y)^2 > 0.$

$(c - \frac{b^2}{a})y^2 > 0$

$\implies$ entweder $(c - \frac{b^2}{a}) > 0$ oder $y^2 > 0.$

Es gilt die gleiche Begründung wie eben, so dass lediglich $(c - \frac{b^2}{a}) > 0$ betrachtet wird:

$(c - \frac{b^2}{a}) > 0 \implies c > \frac{b^2}{a} \text{ (mit } a > 0) \implies ac > b \implies ac\text{-}b^2 > 0 \implies \Delta > 0.$

8

Es muss gelten: $a(x + \frac{b}{a}y)^2 + (c - \frac{b^2}{a})y^2 < 0$.

Dies gilt auf jeden Fall, wenn die einzelnen Summanden negativ sind. Dazu muss gelten: $\qquad a(x + \frac{b}{a}y)^2 < 0$

$$\implies a < 0, \text{ da } (x + \frac{b}{a}y)^2 > 0.$$

$(c - \frac{b^2}{a})y^2 < 0 \implies c < \frac{b^2}{a}$ (mit a < 0) $\implies ac > b^2 \implies ac\text{-}b^2 > 0 \implies \Delta > 0.$

(iii) q(x,y) indefinit $\implies$ $\Delta < 0$:

Dazu muss entweder $\underbrace{a(x + \frac{b}{a}y)^2}_{> 0} + \underbrace{(c - \frac{b^2}{a})y^2}_{< 0}$ oder $\underbrace{a(x + \frac{b}{a}y)^2}_{< 0} + \underbrace{(c - \frac{b^2}{a})y^2}_{> 0}$ gelten.

1. Fall: $\qquad a(x + \frac{b}{a}y)^2 > 0 \qquad$ und $\qquad (c - \frac{b^2}{a})y^2 < 0$:

$a(x + \frac{b}{a}y)^2 > 0 \qquad \implies \qquad a > 0, \qquad$ weil $(x + \frac{b}{a}y)^2$ immer > 0;

$(c - \frac{b^2}{a})y^2 < 0 \qquad \implies \qquad (c - \frac{b^2}{a}) < 0,$ weil y^2 immer > 0

$\implies c - \frac{b^2}{a} < 0 \implies c < \frac{b^2}{a}$ (mit a > 0) $\implies ac < b^2 \implies ac\text{-}b^2 < 0 \implies \Delta < 0.$

2. Fall: $\qquad a(x + \frac{b}{a}y)^2 < 0 \qquad$ und $\qquad (c - \frac{b^2}{a})y^2 > 0$:

$a(x + \frac{b}{a}y)^2 < 0 \qquad \implies \qquad a < 0, \qquad$ weil $(x + \frac{b}{a}y)^2 > 0$;

$(c - \frac{b^2}{a})y^2 > 0 \qquad \implies \qquad (c - \frac{b^2}{a}) > 0,$ da $y^2 > 0$

$\implies c - \frac{b^2}{a} > 0 \implies c > \frac{b^2}{a}$ (mit a < 0) $\implies ac < b^2 \implies ac\text{-}b^2 < 0 \implies \Delta < 0.$

q.e.d.

> **Definition 6**: Zwei Formen $ax^2+bxy+cy^2$ und $AX^2+BXY+CY^2$ werden _äquivalent_
> genannt, falls die eine aus der anderen durch eine umkehrbare ganzzahlige lineare
> Variablensubstitution hervorgeht, d.h. falls
>
> $$X = \alpha x + \beta y$$
> $$Y = \gamma x + \delta y$$
>
> mit $\begin{pmatrix} \alpha & \beta \\ \gamma & \delta \end{pmatrix} \in GL\,(2,\mathbb{Z})$
>
> Die Formen heißen _eigentlich äquivalent_, falls $\begin{pmatrix} \alpha & \beta \\ \gamma & \delta \end{pmatrix} \in SL\,(2,\mathbb{Z})$.

Mit Hilfe dieser Definition kann ebenfalls gesagt werden, dass zwei quadratische
Formen mit den Matrizen A und A' äquivalent heißen, wenn eine lineare Abbildung, existiert, so dass $A = T^T A' T$ gilt.

Eine solche lineare Abbildung bildet $\mathbb{Z}^2$ bijektiv auf sich selbst ab. Die Menge der
linearen Abbildungen bildet offensichtlich eine Gruppe der Multiplikation, folglich
die Gruppe der invertierbaren 2 x 2 – Matrizen mit Koeffizienten in $\mathbb{Z}$ mit Determinante 1 (Bezeichnung: $SL\,(2,\mathbb{Z})$).

$GL\,(2,\mathbb{Z})$ bezeichnet wiederum die Gruppe der invertierbaren 2 x 2 – Matrizen mit
Koeffizienten in $\mathbb{Z}$. Die Determinante ist dabei det $A = \pm\,1$, denn ist $A \in GL\,(2,\mathbb{Z})$,
so folgt det $A \in \mathbb{Z}$, sowie det $(A^{-1}) = \frac{1}{\det A}$. Daraus folgt, dass $\frac{1}{\det A} \in \mathbb{Z}$ nur gilt,
wenn det $A = \pm\,1$, da bei der Inversenbildung sonst nicht sichergestellt ist, dass
alle Einträge einer Matrix $A^{-1} \in \mathbb{Z}$ sind.

Satz 7: Äquivalente Formen stellen dieselbe Zahl dar und haben dieselbe Determinante.[5]

Beweis:

Es seien $A := \begin{pmatrix} a & b \\ b & c \end{pmatrix}$, $A' := \begin{pmatrix} A & B \\ B & C \end{pmatrix}$ und $\vec{x} := \begin{pmatrix} x \\ Y \end{pmatrix} = T \begin{pmatrix} x \\ y \end{pmatrix} = \begin{pmatrix} \alpha & \beta \\ \gamma & \delta \end{pmatrix} \begin{pmatrix} x \\ y \end{pmatrix}$ mit $T := \begin{pmatrix} \alpha & \beta \\ \gamma & \delta \end{pmatrix}$.

Damit gilt: $X^T A' X = x^T A x$, da

$$(X, Y) \begin{pmatrix} A & B \\ B & C \end{pmatrix} \begin{pmatrix} X \\ Y \end{pmatrix} = (x, y) \begin{pmatrix} \alpha & \gamma \\ \beta & \delta \end{pmatrix} \begin{pmatrix} A & B \\ B & C \end{pmatrix} \begin{pmatrix} \alpha & \beta \\ \gamma & \delta \end{pmatrix} \begin{pmatrix} x \\ y \end{pmatrix} = (x, y) \begin{pmatrix} a & b \\ b & c \end{pmatrix} \begin{pmatrix} x \\ y \end{pmatrix}$$

Dann gilt für die Determinante:

$$\det(A') = \det(T^T A T) = \det(T^T)\det(A)\det(T) = \det(A)\det(T)^2 = \det(A)*1 = \det(A)$$

q.e.d.

Folglich definieren zwei Matrizen $\begin{pmatrix} a & b \\ b & c \end{pmatrix}, \begin{pmatrix} A & B \\ B & C \end{pmatrix}$ (eigentlich) äquivalente Formen genau dann, wenn ein $T \in GL(2, \mathbb{Z})(bzw. T \in SL(2, \mathbb{Z}))$ existiert, so dass

$$\begin{pmatrix} A & B \\ B & C \end{pmatrix} = T^t \begin{pmatrix} a & b \\ b & c \end{pmatrix} T$$

Nun wird der für die gesamte Theorie der quadratischen Formen fundamentale Satz benötigt:

---

[5] Scheid & Frommer, 2007, S.275.

Satz 8: Eine positive Form q ist eigentlich äquivalent zu einer sogenannten reduzierten Form, d. h. zu einer Form, die durch eine Matrix $\begin{pmatrix} a & b \\ b & c \end{pmatrix}$ mit den folgenden Bedingungen für die Koeffizienten beschrieben werden kann:

$$-\frac{a}{2} \le b \le \frac{a}{2}, \quad a \le c \qquad\qquad \text{oder} \qquad\qquad 0 \le b \le \frac{a}{2}, \quad a = c$$

Die Matrix ist durch diese Bedingungen eindeutig bestimmt. Außerdem gilt

$$a \le 2\sqrt{\frac{\Delta}{3}}$$

wobei Δ die Determinante von q ist.

(Allgemein besteht das Bestreben, für jede Äquivalenzklasse einen geeigneten Koeffizienten zu finden. In diesem Fall sollte dieser Repräsentant betragsmäßig möglichst kleine Koeffizienten haben. Mit diesem Satz wird genau diese Forderung ausgesprochen, dass der Repräsentant möglichst kleine Koeffizienten haben soll.)

An dieser Stelle bleibt festzuhalten, dass bei Korrektheit dieses Satzes sowohl eine Beschränkung für den Koeffizienten a als auch für die beiden verbleibenden Koeffizienten b und c eine Schranke existiert.

Beweis:

Es handelt sich bei diesem Beweis um einen klassischen Existenz- und Eindeutigskeitsbeweis. Begonnen wird mit der Existenz, daran anschließend erfolgt der Beweis der Eindeutigkeit.

Es sei eine positiv definite, quadratische Form mit der Matrixgestalt $A = \begin{pmatrix} A & B \\ B & C \end{pmatrix}$ gegeben. Weiter sei a die kleinste Zahl, die durch die quadratische Form eigentlich dargestellt wird, d.h. $\qquad a = AX_0^2 + 2BX_0Y_0 + CY_0^2$.

Dabei sind X_0 und Y_0 teilerfremd, d.h. $\mathrm{ggT}(X_0, Y_0) = 1$.

Des Weiteren gilt, dass a ≤ C, da C genau dann von der Form dargestellt wird, wenn X = 0 und Y = 1. Dies bedeutet wiederum, dass wie bereits bei 2. Satz $\alpha, \beta \in \mathbb{Z}$ existieren, so dass gilt: $\qquad 1 = \alpha X_0 + \beta Y_0$.

Dann ist $\begin{pmatrix} X_0 & Y_0 \\ -\beta & \alpha \end{pmatrix} \in SL\,(2, \mathbb{Z})$ und nach 6. und 7. gilt:

$$\begin{pmatrix} X_0 & Y_0 \\ -\beta & \alpha \end{pmatrix} \begin{pmatrix} A & B \\ B & C \end{pmatrix} \begin{pmatrix} X_0 & -\beta \\ Y_0 & \alpha \end{pmatrix} = \begin{pmatrix} a & B' \\ B' & C' \end{pmatrix}$$

mit geeigneten B', C'$\in \mathbb{Z}$.

Für ein beliebiges $k \in \mathbb{Z}$ transformieren wir mit der Matrix $\begin{pmatrix} 1 & 0 \\ k & 1 \end{pmatrix} \in SL\,(2, \mathbb{Z})$:

$$\begin{pmatrix} 1 & 0 \\ k & 1 \end{pmatrix} \begin{pmatrix} a & B' \\ B' & C' \end{pmatrix} \begin{pmatrix} 1 & k \\ 0 & 1 \end{pmatrix} = \begin{pmatrix} a & B'+ka \\ B'+ka & * \end{pmatrix}.$$

Nun wird k so bestimmt, dass gilt: $-\frac{a}{2} < B'+ka \leq \frac{a}{2}$. Ferner wird b:= B'+ka, c:= * gesetzt, so dass $\begin{pmatrix} a & b \\ b & c \end{pmatrix}$ folgt. Nach Konstruktion haben wir eine reduzierte Form erhalten, die eigentlich äquivalent zu $\begin{pmatrix} A & B \\ B & C \end{pmatrix}$ ist. Diese erfüllt die Bedingungen $-\frac{a}{2} \leq b \leq \frac{a}{2}$ und a ≤ c. Letzteres folgt dabei aus den oben genannten Voraussetzungen (a kleinste Zahl und c durch die erwähnte Form dargestellt).

Sollte im Fall a = c die Zahl b < 0 sein, wird mit der Matrix $\begin{pmatrix} 0 & -1 \\ 1 & 0 \end{pmatrix} \in SL\,(2, \mathbb{Z})$ transformiert:

$$\begin{pmatrix} 0 & -1 \\ 1 & 0 \end{pmatrix} \begin{pmatrix} a & b \\ b & a \end{pmatrix} \begin{pmatrix} 0 & 1 \\ -1 & 0 \end{pmatrix} = \begin{pmatrix} a & -b \\ -b & a \end{pmatrix}$$

So folgt –b > 0. Somit ist die Existenz bewiesen. Es folgt die Eindeutigkeit.

Ist $ax^2+2bxy+cy^2$ reduziert, dann gilt wegen den Voraussetzungen $0 < a \leq c$ und $2b > -a$

$$ax^2+2bxy+cy^2 \geq a(x^2 + y^2 - |xy|) \geq \begin{cases} ax^2 \geq a \ f\ddot{u}r \ 0 < |x| \leq |y| \\ ay^2 \geq a \ f\ddot{u}r \ 0 < |y| \leq |x| \end{cases}.$$

Das bedeutet, dass die Form für die erste Bedingung nur Werte $\geq ax^2$ und folglich $\geq a$, für die zweite nur Werte $\geq cy^2 \geq a$ annimmt.

Ist $x = 0$ oder $y = 0$, so ist wiederum $ax^2+2bxy+cy^2 \geq a$. Das Minimum wird somit durch $x = \pm 1$ und $y = 0$ geliefert.

Für $a < c$ sind dies auch die einzigen Werte, die das Minimum liefern, da $|x| > 1$ und $y = 0$ nicht a angeben. Für $x, y \neq 0$ ergibt sich:

für $x \geq y \geq 1$: $\qquad ax^2+2bxy+cy^2 \geq cy^2 > a$ (da $a+2b+c \geq c$ und $c > a$)

für $1 \leq |x| \leq |y|$: $\qquad ax^2+2bxy+cy^2 > ax^2 \geq a$.

Ist nun $\begin{pmatrix} a & B \\ B & C \end{pmatrix}$ in reduzierter Form eigentlich äquivalent zu $\begin{pmatrix} a & b \\ b & c \end{pmatrix}$, etwa

$$\begin{pmatrix} a & B \\ B & C \end{pmatrix} = \begin{pmatrix} \alpha & \gamma \\ \beta & \delta \end{pmatrix} \begin{pmatrix} a & b \\ b & c \end{pmatrix} \begin{pmatrix} \alpha & \beta \\ \gamma & \delta \end{pmatrix} = \begin{pmatrix} a\alpha^2 + 2b\alpha\gamma + c\gamma^2 & * \\ * & * \end{pmatrix},$$

dann gilt für die Zahlen in der Transformationsmatrix $a = a\alpha^2 + 2b\alpha\gamma + c\gamma^2, \gamma = 0$ und $\alpha = \pm 1$. Damit ergibt sich

$$\begin{pmatrix} a & B \\ B & C \end{pmatrix} = \begin{pmatrix} \pm 1 & 0 \\ \beta & \delta \end{pmatrix} \begin{pmatrix} a & b \\ b & c \end{pmatrix} \begin{pmatrix} \pm 1 & \beta \\ 0 & \delta \end{pmatrix} = \begin{pmatrix} a & b \pm \beta a \\ b \pm \beta a & * \end{pmatrix}.$$

Es folgt: $B = b \pm \beta a$, wegen $-\frac{a}{2} < b$, $B \leq \frac{a}{2}$.

Daher muss $\beta = 0$ gelten, und schließlich $B = b$. Ferner gilt $C = c$, da sich die Determinante nicht ändern darf.

Für $a = c$ und $0 \leq b < \frac{a}{2}$ wird das Minimum a genau durch $x = \pm 1$ und $y = 0$ und $x = 0$ und $y = \pm 1$ geliefert, und für keinen anderen Wert. Daraus ergibt sich die Eindeutigkeit der reduzierten Form.

Es fehlt lediglich die Betrachtung a = c = 2b. Dafür gilt $\begin{pmatrix} a & b \\ b & c \end{pmatrix} = \begin{pmatrix} 2b & b \\ b & 2b \end{pmatrix}$. Das Minimum wird von der daraus folgenden Form $2x^2+2xy+2y^2$ erneut durch x = ±1 und y = 0 oder x = 0 und y = ±1 oder x= ±1 und y = ±1 geliefert. Wie oben wird auch bei diesem Fall geschlossen, dass B = b und C = c gilt.

Als Abschluss dieses Kapitels fehlt nun nur noch der folgende Zusatz:

Zusatz 9: Es gibt nur endlich viele eigentliche Äquivalenzklasse positiver binärer quadratischer Formen mit gegebener Determinante Δ.

Beweis:

Da in jeder eigentlichen Äquivalenzklasse eine reduzierte Form $\begin{pmatrix} a & b \\ b & c \end{pmatrix}$ liegt, erhält

man die Abschätzungen $\quad a \leq 2\sqrt{\frac{\Delta}{3}}, \quad |b| \leq 2\sqrt{\frac{\Delta}{3}}$

durch $\quad ac-b^2 = \Delta \quad$ und mit $a \leq c$ und $b \leq \frac{a}{2}$

$$\Rightarrow \quad a^2 - \frac{1}{4}a^2 \leq \Delta \quad \Rightarrow \quad \frac{3}{4}a^2 \leq \Delta \quad \Rightarrow \quad a \leq 2\sqrt{\frac{\Delta}{3}}.$$

Anhand dieser Abschätzungen und der Tatsache, dass die Anzahl der reduzierten Formen $< \infty$ ist, sowie der Tatsache, dass die Anzahl der Äquivalenzklassen $\leq$ der Anzahl der reduzierten Formen ist, kann gefolgert werden, dass es für a und b (und folglich auch für c) nur endlich viele Möglichkeiten gibt.

$$\text{q.e.d.}$$

Auf der folgenden Seite ist eine Tabelle vorzufinden, die u.a. die im Rahmen dieser Betrachtungen erhaltenen positiven reduzierten Formen beinhaltet:

Δ	positive reduzierte Formen			
1	$\begin{pmatrix} 1 & 0 \\ 0 & 1 \end{pmatrix}$			
2	$\begin{pmatrix} 1 & 0 \\ 0 & 2 \end{pmatrix}$			
3	$\begin{pmatrix} 1 & 0 \\ 0 & 3 \end{pmatrix}$	$\begin{pmatrix} 2 & 1 \\ 1 & 2 \end{pmatrix}$		
4	$\begin{pmatrix} 1 & 0 \\ 0 & 4 \end{pmatrix}$	$\begin{pmatrix} 2 & 0 \\ 0 & 2 \end{pmatrix}$		
5	$\begin{pmatrix} 1 & 0 \\ 0 & 5 \end{pmatrix}$	$\begin{pmatrix} 2 & 1 \\ 1 & 3 \end{pmatrix}$		
6	$\begin{pmatrix} 1 & 0 \\ 0 & 6 \end{pmatrix}$	$\begin{pmatrix} 2 & 0 \\ 0 & 3 \end{pmatrix}$		
7	$\begin{pmatrix} 1 & 0 \\ 0 & 7 \end{pmatrix}$	$\begin{pmatrix} 2 & 1 \\ 1 & 4 \end{pmatrix}$		
8	$\begin{pmatrix} 1 & 0 \\ 0 & 8 \end{pmatrix}$	$\begin{pmatrix} 2 & 0 \\ 0 & 4 \end{pmatrix}$	$\begin{pmatrix} 3 & 1 \\ 1 & 3 \end{pmatrix}$	
9	$\begin{pmatrix} 1 & 0 \\ 0 & 9 \end{pmatrix}$	$\begin{pmatrix} 2 & 1 \\ 1 & 5 \end{pmatrix}$	$\begin{pmatrix} 3 & 0 \\ 0 & 3 \end{pmatrix}$	
10	$\begin{pmatrix} 1 & 0 \\ 0 & 10 \end{pmatrix}$	$\begin{pmatrix} 2 & 0 \\ 0 & 5 \end{pmatrix}$		
11	$\begin{pmatrix} 1 & 0 \\ 0 & 11 \end{pmatrix}$	$\begin{pmatrix} 2 & 1 \\ 1 & 6 \end{pmatrix}$	$\begin{pmatrix} 3 & 1 \\ 1 & 4 \end{pmatrix}$	$\begin{pmatrix} 3 & -1 \\ -1 & 4 \end{pmatrix}$
12	$\begin{pmatrix} 1 & 0 \\ 0 & 12 \end{pmatrix}$	$\begin{pmatrix} 2 & 0 \\ 0 & 6 \end{pmatrix}$	$\begin{pmatrix} 3 & 0 \\ 0 & 4 \end{pmatrix}$	$\begin{pmatrix} 4 & 2 \\ 2 & 4 \end{pmatrix}$

(vgl. Scharlau & Opolka (1980), S. 47.)

4. Johann Carl Friedrich Gauß

Johann Carl Friedrich Gauß lebte von 1777 bis 1855. Geboren wurde er in Braunschweig, gestorben ist er in Göttingen, wo er auch einen großen Teil seines Lebens verbrachte. Er war ein deutscher Mathematiker, Astronom, Geodät und Physiker mit einem sehr weit gefächerten Feld an Interessen. Seine mathematischen Leistungen waren bereits seinen damaligen Zeitgenossen bewusst. Die Tiefe seiner Wirkung wurde aber erst nach der Entdeckung und Auswertung seines Tagebuches im Jahre 1898 voll und ganz augenscheinlich und ersichtlich.

Gauß gelang es im Alter von neunzehn Jahren als Erster, die Konstruierbarkeit des regelmäßigen Siebzehnecks zu beweisen. Dies war für die damalige Zeit eine sensationelle Entdeckung, denn seit der Antike gab es auf diesem Gebiet nur wenige Fortschritte. Da die zahlreichen wichtigen Leistungen Gauß' den Rahmen dieser Arbeit sprengen würden, wird an dieser Stelle lediglich darauf hingewiesen, dass sein damaliges mathematisches Wirken bis in die heutige Zeit wirkt.

5. Das quadratische Reziprozitätsgesetz

Das quadratische Reziprozitätsgesetz gibt, in Verbindung mit den beiden unten genannten Ergänzungssätzen, ein Verfahren an, das es ermöglicht, das Legendre-Symbol zu berechnen. Damit kann dann entschieden werden, ob eine Zahl ein quadratischer Rest oder ein quadratischer Nichtrest ist. Neben Gauß bewiesen unabhängig davon ebenfalls Legendre und Euler dieser für die Zahlentheorie grundlegenden Satz: das Reziprozitätsgesetz. Die Entdeckung dieses Gesetzes könnte durchaus als dessen Ausgangspunkt gesehen werden.

Obwohl es elementare Beweise des Reziprozitätsgesetzes gibt, liegt der wahre Grund des Reziprozitätsgesetzes in der Primfaktorzerlegung im Körper der n-ten Einheitswurzeln verborgen. Um diese Verknüpfung zu verdeutlichen, sollen diese Überlegungen an dieser Stelle kurz erwähnt werden.

Die Ecken des dem Einheitskreis einbeschriebenen n-Ecks sind die komplexen Einheitswurzeln welche wie folgt beschrieben werden können:

$$e^{\frac{2k\pi i}{n}} = \cos(\frac{2k\pi}{n}) + i \cdot \sin\left(\frac{2k\pi}{n}\right) \quad \text{mit } k = 0, \dots, n-1.$$

Das sind die Wurzeln der Gleichung

$$x^n - 1 = (x-1)(x^{n-1} + x^{n-2} + \cdots + 1) = 0.$$

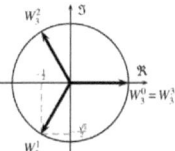

Durch die Algebra ist bekannt, dass dieses Konstruktionsproblem lösbar ist, wenn die Gleichung $x^{n-1} + x^{n-2} + \cdots + 1 = 0$ auf eine Kette quadratischer Gleichungen zurückgeführt werden kann.

Es sei hier als auch im Folgenden $\quad \varepsilon := e^{\frac{2k\pi i}{n}}$.

Die Nullstellen von x^{p-1} sind also $1, \varepsilon, \dots, \varepsilon^{p-1}$ und insbesondere $1 + \varepsilon + \varepsilon^{p-1} = 0$.

Mit Hilfe der hier angedeuteten Gaußschen Summen lässt sich nun eine Verbindung zum eigentlichen Thema dieses Kapitels, d.h. zur allgemeinen Theorie des quadratischen Reziprozitätsgesetzes und dessen Beweis, herleiten, womit sich im Folgenden befasst wird.

Bevor der Beweis des Gesetzes jedoch erfolgen kann, werden zunächst einige Definitionen, Lemmata und weitere Sätze benötigt, die im weiteren Verlauf dieser Arbeit vorab genannt, erläutert und/oder bewiesen werden.

Definition 10: Für a ∈ ℤ ist das *Legendre-Symbol* $\left(\frac{a}{p}\right)$ folgendermaßen definitert:

$$\left(\frac{a}{p}\right) = \begin{cases} +1, & \text{wenn } a \text{ quadratischer Rest mod } p \\ 0, & \text{wenn } p|a \\ -1, & \text{wenn } a \text{ quadratischer Nichtrest mod } p \end{cases}$$

Aus a ≡ b mod p folgt offenbar $\left(\frac{a}{p}\right) = \left(\frac{b}{p}\right)$.[6]

Anhand dieser Definition kann nun die folgende Summenschreibweise

$$S := \sum_{k=1}^{p-1} \left(\frac{k}{p}\right) \varepsilon^k$$

als Gaußsche Summen bezeichnet werden, wobei $\left(\frac{k}{p}\right)$ das *Legendre-Symbol* bezeichnet.

Lemma 11: Es gilt $\qquad S^2 = \left(\frac{-1}{p}\right)p.$

Beweis:

Es ist

$$S^2 = \left(\sum_{k=1}^{p-1} \left(\frac{k}{p}\right) \varepsilon^k\right)\left(\sum_{l=1}^{p-1} \left(\frac{l}{p}\right) \varepsilon^l\right) = \sum_{k,l=1}^{p-1} \left(\frac{k}{p}\right)\left(\frac{l}{p}\right) \varepsilon^{k+l} = \sum_{k,l=1}^{p-1} \left(\frac{kl}{p}\right) \varepsilon^{k+l}$$

(Multiplikativität des Legendre-Symbols verwendet)

Durchläuft k die von 0 verschiedenen Restklassen modulo p, so gilt das auch für kl, l fest.

Wir können folglich k durch kl ersetzen.

---

[6] Schmidt, 2007, S.22.

$$S^2 = \sum_{k,l=1}^{p-1} \left(\frac{kl^2}{p}\right) \varepsilon^{kl+l} = \sum_{k,l=1}^{p-1} \left(\frac{k}{p}\right) \varepsilon^{l(k+1)} = \sum_{l=1}^{p-1} \left(\frac{-1}{p}\right) \varepsilon^0 + \sum_{k \neq p-1}^{p-1} \left(\frac{k}{p}\right) \left(\sum_{l=1}^{p-1} \varepsilon^{l(k+1)}\right)$$

und wegen

$$\sum_{l=1}^{p-1} \varepsilon^{l(k+1)} = \varepsilon + \varepsilon^2 + \cdots + \varepsilon^{p-1} = -1$$

ist dieser Ausdruck

$$\left(\frac{-1}{p}\right)(p-1) + \sum_{k \neq p-1} \left(\frac{k}{p}\right) * (-1) = \left(\frac{-1}{p}\right)(p-1) - \left(\frac{-1}{p}\right) = \left(\frac{-1}{p}\right) p$$

q.e.d.

Satz 12: (Gauß, sumatio quarundam serierum singularium)

Es sei $\varepsilon := e^{\frac{2\pi i}{p}}$, dann gilt

$$S = \sum_{k=1}^{p-1} \left(\frac{k}{p}\right) \varepsilon^k = \begin{cases} \sqrt{p}, & falls\ p \equiv 1\ mod\ 4 \\ i\sqrt{p}, & falls\ p \equiv 3\ mod\ 4 \end{cases}$$

Beweis:

Für den Beweis des Satzes 12 wird ein weiterer Satz benötigt, der an dieser Stelle eingefügt wird (Satz 13). Im Anschluss daran wird Satz 12 bewiesen, in dem Satz 13 als geltend angenommen und Satz 12 daraus abgeleitet wird.

Satz 13:

Es sei

$$G(m) := \sum_{k=0}^{m-1} \varepsilon^{k^2} \quad mit \ \varepsilon = e^{\frac{2\pi i}{m}}$$

für eine natürliche Zahl m. Dann gilt

$$G(m) = \begin{cases} (1+i)\sqrt{m}, & f\ddot{u}r \ m \equiv 0 \ mod \ 4 \\ \sqrt{m}, & f\ddot{u}r \ m \equiv 1 \ mod \ 4 \\ 0, & f\ddot{u}r \ m \equiv 2 \ mod \ 4 \\ i\sqrt{m}, & f\ddot{u}r \ m \equiv 3 \ mod \ 4 \end{cases}$$

Beweis:

Durchläuft μ alle quadratischen Reste und ϑ alle Nichtreste modulo p, dann ist offensichtlich

$$S = \sum_{\mu} \varepsilon^{\mu} - \sum_{\vartheta} \varepsilon^{\vartheta}$$

(Aufgrund von $\left(\frac{\mu}{p}\right) = 1$ und $\left(\frac{\vartheta}{p}\right) = -1$ verschwindet das Legendre-Symbol.)

Wegen

$$\sum_{\vartheta} \varepsilon^{\vartheta} = S - \sum_{\mu} \varepsilon^{\mu} = -1 - \sum_{\mu} \varepsilon^{\mu}$$

und folglich

$$1 + \sum_{\mu} \varepsilon^{\mu} + \sum_{\vartheta} \varepsilon^{\vartheta} = 0$$

gilt also

$$S = 1 + 2 \sum_{\mu} \varepsilon^{\mu}$$

Wenn k alle Zahlen 0, 1,... p-1 durchläuft, so durchläuft auch k^2 außer der 0 alle quadratischen Reste genau zweimal, die 0 einmal. Daher gilt:

$$S = \sum_{k=0}^{p-1} \varepsilon^{k^2} = G(p)$$

und somit folgt die Behauptung von Satz 12.

Satz 14: (Das quadratische Reziprozitätsgesetz)

Es seien p, q > 2 Primzahlen. Dann gilt

$$\left(\frac{p}{q}\right) = (-1)^{\frac{p-1}{2}\frac{q-1}{2}} \left(\frac{q}{p}\right)$$

bzw.

$$\left(\frac{p}{q}\right)\left(\frac{q}{p}\right) = (-1)^{\frac{1}{4}(p-1)(q-1)}$$

Mit anderen Worten: Ist eine der beiden Primzahlen p und q kongruent 1 modulo 4, so gilt $\left(\frac{p}{q}\right) = \left(\frac{q}{p}\right)$. Im verbleibenden Falle gilt $\left(\frac{p}{q}\right) = -\left(\frac{q}{p}\right)$.

Bevor das quadratische Reziprozitätsgesetz bewiesen wird, werden an dieser Stelle zwei Ergänzungssätze eingefügt, deren Geltung für diese Arbeit vorausgesetzt wird.

Satz 15: (1. Ergänzungssatz)

$$\left(\frac{-1}{p}\right) = (-1)^{\frac{p-1}{2}}$$

Mit anderen Worten: -1 ist genau dann quadratischer Rest nach einer Primzahl p, wenn p kongruent 1 modulo 4 ist und -1 ist genau dann quadratischer Nichtrest nach einer Primzahl p, wenn p kongruent -1 modulo 4 ist.[7]

---

[7] Vgl. Schulze-Pillot, 2007, S.172 ff.

Satz 16: (2. Ergänzungssatz)

$$\left(\frac{2}{p}\right) = (-1)^{\frac{p^2-1}{8}}$$

Mit anderen Worten: 2 ist genau dann quadratischer Rest nach einer Primzahl p, wenn p kongruent ± 1 modulo 8 ist. Ebenfalls ist 2 genau dann quadratischer Nichtrest nach einer Primzahl p, wenn p kongruent ± 5 modulo 8 ist.[8]

Bevor im Anschluss das quadratische Reziprozitätsgesetz mit Hilfe der zwei Ergänzungssätze bewiesen werden kann, wird an dieser Stelle noch ein hilfreiches und benötigtes Lemma eingefügt, welches direkt aus Satz 13 folgt.

Lemma 17: Für gerades m = 2n gilt

$$\sum_{k=0}^{2n-1} e^{\frac{2\pi i k^2}{4n}} = \sum_{k=0}^{2n-1} \varepsilon^{k^2} = \frac{1}{2}\, G(4n) = (1+i)\sqrt{n}$$

Nun ist zu zeigen:

$$\left(\frac{p}{q}\right)\left(\frac{q}{p}\right) = (-1)^{\frac{1}{4}(p-1)(q-1)}$$

Beweis:

In den beiden Ergänzungssätzen wurden speziell die beiden Symbole $\left(\frac{-1}{p}\right)$ und $\left(\frac{2}{p}\right)$ als eine elementare Funktion von p verwendet. Im Folgenden soll jedoch eine Beziehung des Symboltypus $\left(\frac{q}{p}\right)$ zum umgekehrten Symbol $\left(\frac{p}{q}\right)$ hergeleitet werden, woher der Name *Reziprozitätsgesetz* kommt. Dies ist Ziel des Beweises.

---

[8] Vgl. ebd.

Zunächst wird folgendes benötigt: Ist $k \equiv l$ modulo m, gilt weiter $k^2 \equiv l^2$ modulo m.

Deshalb gilt auch $\frac{k^2-l^2}{m} \in \mathbb{Z}$, da $k^2 - l^2 \equiv 0$ modulo m.

Es folgt: $e^{\frac{2\pi i k^2}{m}} = e^{\frac{2\pi i l^2}{m}}$.

In der Gaußschen Summe kann also über ein beliebiges Restsystem modulo m summiert werden.

Es ist also

$$G(2m) = \sum_{k=-m}^{m-1} \varepsilon^{k^2} = \sum_{k=-(m-1)}^{m-1} \varepsilon^{k^2} + \varepsilon^{m^2} = \sum_{k=0}^{m-1} \varepsilon^{k^2} + \sum_{k=-(m-1)}^{-1} \varepsilon^{k^2} + \varepsilon^{m^2}$$

$$= \sum_{k=0}^{m-1} \varepsilon^{k^2} + \sum_{k=-(m-1)}^{0} \varepsilon^{k^2} - \varepsilon^0 + \varepsilon^{m^2} = 2\sum_{k=0}^{m-1} \varepsilon^{k^2} - 1 + \varepsilon^{m^2}$$

$$= 2\sum_{k=0}^{m-1} \varepsilon^{k^2} - 1 + (-1)^m = 2\sum_{k=0}^{m-1} \varepsilon^{k^2}$$

(Anmerkung zur letzten Zeile: $\varepsilon^{m^2} = e^{\frac{2\pi i m^2}{2m}} = e^{\pi i m} = (-1)^m$.)

Definition 18: Es sei

$$H_{(p,q)} := \sum_{k=0}^{4pq-1} e^{\frac{2\pi i k^2}{8pq}}$$

Auch hier kann über ein beliebiges Vertretersystem modulo 2n summiert werden, denn $(k+4pql)^2 = k^2 + 8pqkl + 16p^2q^2l^2 \equiv k^2 \bmod 4n$.

<u>Bemerkung:</u> Nun gilt:

Für $1 \leq \mu \leq 4, 1 \leq \vartheta \leq p, 1 \leq \rho \leq q$ durchläuft die Zahl $k = \mu pq + \vartheta 4q + \rho 4p$ genau ein volles Testsystem modulo 4pq.

24

Dann ist (nach Quadrieren von k)

$$e^{\frac{2\pi i k^2}{8pq}} = e^{\frac{2\pi i(\mu^2 p^2 q^2 + 16\vartheta^2 q^2 + 16\rho^2 p^2)}{8pq}}$$

Aufgrund der Periodizität von $e^{2\pi i t}$ kann die Betrachtung der gemischten Terme von k^2 entfallen, da für diese die Kongruenz zu 0 modulo (8pq) gilt. Somit ergibt sich der eben genannte Ausdruck.

Daraus ergibt sich nun:

$$H(4pq) = \left(\sum_{\mu=1}^{4} e^{\frac{2\pi i \mu^2 pq}{8}}\right)\left(\sum_{\vartheta=1}^{p} e^{\frac{2\pi i \vartheta^2 2q}{p}}\right)\left(\sum_{\rho=1}^{q} e^{\frac{2\pi i \rho^2 2p}{q}}\right) =: H_2 H_p H_q$$

Die darin enthaltenen drei Faktoren werden getrennt berechnet:

Mit $\quad \eta = e^{\frac{2\pi i}{8}} \quad$ ergibt sich $\quad \eta^8 = 1$.

$$H_2 = \sum_{\mu=1}^{4} e^{\frac{2\pi i \mu^2 pq}{8}} = e^{\frac{2\pi i pq}{8}} + e^{\frac{2\pi i 4pq}{8}} + e^{\frac{2\pi i 9pq}{8}} + e^{\frac{2\pi i 16pq}{8}}$$

$$= \eta^{pq} + \eta^{4pq} + \eta^{9pq} + \eta^{16pq} = 2\,\eta^{pq}.$$

H_p wird zunächst für den Fall $q = 1$ berechnet, um es anschließend im allgemeinen Fall berechnen zu können:

Es ist:

$$H_2 H_p H_1 = \sum_{\mu=1}^{4} e^{\frac{2\pi i \mu^2 p}{8}} \sum_{\vartheta=1}^{p} e^{\frac{2\pi i \vartheta^2 2}{p}} \cdot 1 = 2\,\eta^{pq} H_p = 2\,\eta^{p} H_p$$

Sowie (mit der eben aufgeführten Definition)

$$H_{(p,1)} = \sum_{k=0}^{4p-1} e^{\frac{2\pi i k^2}{8p}} = (1+i)\sqrt{2p}$$

$$\Rightarrow 2\,\eta^p\,H_p = (1+i)\sqrt{2p}$$

$$\Rightarrow H_p = \frac{(1+i)\sqrt{2p}}{2\,\eta^p} = \frac{(1+i)\sqrt{p}\,\eta^{-p}}{\sqrt{2}} = \eta\,\sqrt{p}\,\eta^{-p} = \eta^{1-p}\sqrt{p}$$

(mit $\eta = \frac{1+i}{\sqrt{2}}$).

An dieser Stelle wird ein Hilfssatz benötigt, um den Beweis des quadratischen Reziprozitätsgesetzes vervollständigen zu können, der für allgemeines p und q gilt.

Hilfssatz 19: Für verschiedene Primzahlen p und q gilt:

$$H_p\,(4pq) = \sum_{\vartheta=1}^{p} e^{\frac{2\pi i \vartheta^2 2q}{p}} = \left(\frac{q}{p}\right)\sqrt{p}\,\eta^{1-p}$$

Beweis:

Ist $\left(\frac{q}{p}\right) = 1$, also q quadratischer Rest, so durchläuft 2q ϑ^2 modulo p dieselben Zahlen wie $2\vartheta^2$. Es folgt die Behauptung auf der für q = 1 bewiesenen Formel.

Ist $\left(\frac{q}{p}\right) = -1$, also q quadratischer Nichtrest, so durchläuft q ϑ^2 die quadratischen Nichtreste modulo p je zweimal und den Rest 0 einmal. Es folgt

$$\sum_{\vartheta=1}^{p} e^{\frac{2\vartheta^2}{p}} + \sum_{\vartheta=1}^{p} e^{\frac{2q\vartheta^2}{p}} = 0 \;\Rightarrow\; \sum_{\vartheta=1}^{p} e^{\frac{2\vartheta^2}{p}} = -\sum_{\vartheta=1}^{p} e^{\frac{2q\vartheta^2}{p}} \;\Rightarrow\; -\sqrt{p}\,\eta^{1-p} = \left(\frac{q}{p}\right)$$

Denn die Summe ist das Doppelte der Summe aller p-ten Einheitswurzeln. Daraus folgt die Aussage des Hilfssatzes.

q.e.d.

Der Beweis des quadratischen Reziprozitätsgesetzes ist an dieser Stelle, d.h. mit dem bereits Bewiesenem und dem eben genannten und bewiesenen Hilfssatz, vollständig.

Aus dem bisher bewiesenen folgt also:

$$H_{(p,q)} = H_2 H_p H_q = H(4pq) = 2\sqrt{pq}\,\eta = 2\,\eta^{pq}\left(\frac{q}{p}\right)\sqrt{p}\,\eta^{1-p}\left(\frac{p}{q}\right)\sqrt{q}\,\eta^{1-q}$$

sowie

$$H_{(p,q)} = \sum_{k=0}^{4pq-1} e^{\frac{2\pi i k^2}{8pq}} = (1+i)\sqrt{2pq} = \frac{1+i}{\sqrt{2}}\sqrt{pq}\cdot 2 = \eta\sqrt{pq}\cdot 2$$

Daraus folgt:

$$2\sqrt{pq}\,\eta = 2\,\eta^{pq}\left(\frac{q}{p}\right)\sqrt{p}\,\eta^{1-p}\left(\frac{p}{q}\right)\sqrt{q}\,\eta^{1-q}$$

$$\Rightarrow \sqrt{pq}\,\eta = \eta^{pq}\left(\frac{q}{p}\right)\sqrt{p}\,\eta^{1-p}\left(\frac{p}{q}\right)\sqrt{q}\,\eta^{1-q}$$

$$\Rightarrow \eta = \eta^{pq}\left(\frac{q}{p}\right)\eta^{1-p}\left(\frac{p}{q}\right)\eta^{1-q}$$

$$\Rightarrow \eta^{1-pq-1+p-1+q} = \left(\frac{q}{p}\right)\left(\frac{p}{q}\right)$$

$$\Rightarrow \eta^{(p-1)(q-1)} = \left(\frac{p}{q}\right)\left(\frac{q}{p}\right)$$

Somit folgt die Behauptung $\quad \left(\frac{p}{q}\right)\left(\frac{q}{p}\right) = \eta^{(p-1)(q-1)} = (-1)^{\frac{1}{4}(p-1)(q-1)}.$

q.e.d.

6. Literaturverzeichnis

Scharlau, Winfried & Opolka, Hans (1980): *Von Fermat bis Minkowski.* Berlin, Heidelberg, New York: Springer.

Scheid, Harald & Frommer, Andreas (2007): *Zahlentheorie.* München: Spektrum.

Schulze-Pillot, Rainer (2007): *Elementare Algebra und Zahlentheorie.* Berlin, Heidelberg: Springer.

www.mia.uni-saarland.de/Teaching/MFI07/kap48.pdf

Unterstützende, aber nicht explizit erwähnte Literatur:

Cox, David A. (1989): *Primes of the form $x^2 + ny^2$.* New York, Chichester, u.w.: John Wiles & Sons.

Eichler, Martin (1974): *Quadratische Formen und orthogonale Gruppen.* Berlin, Heidelberg, New York: Springer.

Hasse, Helmut (1964): *Vorlesungen über Zahlentheorie.* Berlin, Göttingen, Heidelberg: Springer.

Kneser, Martin (2002): *Quadratische Formen.* Berin, Heidelberg, New York: Springer.

Schmidt, Alexander (2007): *Einführung in die algebraische Zahlentheorie.* Berlin, Heidelberg, New York: Springer.